BEI GRIN MACHT SICH IHR WISSEN BEZAHLT

- Wir veröffentlichen Ihre Hausarbeit,
  Bachelor- und Masterarbeit

- Ihr eigenes eBook und Buch -
  weltweit in allen wichtigen Shops

- Verdienen Sie an jedem Verkauf

Jetzt bei www.GRIN.com hochladen
und kostenlos publizieren

Impressum:

Copyright © 2009 GRIN Verlag, Open Publishing GmbH
Druck und Bindung: Books on Demand GmbH, Norderstedt Germany
ISBN: 9783640618736

Florian Kamin

Wellenlängeneichung eines Prismenspektralapparates

Grundlagen der Optik

GRIN Verlag

Vorwort zur zweiten Auflage

Die Ihnen vorliegende Ausarbeitung, zum Laborpraktikum Physik, entspricht der DIN 1421, sowie der DIN 1505 Teil 2. Diese Normen regeln die äußere Form wissenschaftlicher Ausarbeitungen und dienen als Leitfaden für die äußer Gestalt dieses Berichtes.

Die Inhalte des Berichtes gliedern sich nach den Vorgaben des Labors für Physik der Fachhochschule Südwestfalen Standort Soest und beruhen auf den didaktisch gewonnen Erkenntnissen, welche im Versuch Nummer 43, Wellenlängengleichung eines Prismenspektralapparates vermittelt wurden, sowie auf wissenschaftlicher Erkenntnis externer Quellen, welche zum Zweck dieser Ausarbeitung herangezogen wurden.

Aus Gründen der Komplexität mancher beschriebener Sachverhalte, werden einige Abschnitte nur kurz umrissen. So zum Beispiel das Plancksche Wirkungsquantum, welches zwar in die anschaulich plausible Erklärung bzw. mathematische Beschreibung der Emission von Lichtquanten eingeht, aber desweiteren nicht beleuchtet wird. Zusätzlich wird auf eine Formulierung der Elektrodynamischen Grundgesetze verzichtet, auch aus den oben aufgeführten Gründen.

November 2009 Florian Kamin

Inhaltsverzeichnis

1 Aufgabenbeschreibung

Mit Hilfe der bekannten Wellenlänge von vier verschiedenen Spektrallampen soll eine Eichkurve eines Prismenspektralapparates aufgenommen werden.

Die zur Durchführung eingesetzten Leuchtmittel sind hierbei:

- Spektrallampe Quecksilber   (Hg)
- Spektrallampe Cadmium   (Cd)
- Spektrallampe Zink   (Zn)
- Spektrallampe Helium   (He)

2 Grundlagen

In diesem Abschnitt werden die grundlegenden Zusammenhänge, beziehungsweise die grundlegenden physikalischen Gesetzmäßigkeiten, die zum Verständnis der im Versuch untersuchten Aufgabenstellung notwendig sind, erläutert. Es handelt sich dabei um die Erörterung diverser Fragestellungen, welche in den folgenden Abschnitten einzeln erläutert werden.

Um den durchgeführten Versuch in seiner Gesamtheit zu erfassen ist es notwendig, einige Grundbegriffe der geometrischen Optik, der Wellenoptik, sowie der Quantenoptik, zu erläutern.

Zunächst befassen wir uns mit der Fragestellung: Was ist Licht im physikalischen Sinne.

Die Auffassung über das Wesen des Lichtes änderte sich mehrmals im Laufe der Zeit. Von Newton wurde 1602 eine Korpuskulartheorie entwickelt. Ihr zufolge sendet eine Lichtquelle kleine Korpuskugeln aus, die sich mit großer Geschwindigkeit geradlinig fortbewegen, bis diese entweder direkt, oder nach der Reflexion an Gegenständen ins Auge gelangen und dort Sinnesreize auslösen. Mit dieser Theorie war Newton in der Lage, die Reflexion und Brechung von Licht zu erklären.

Im weiteren zeitgeschichtlichen Verlauf wurden die Phänomene Interferenz und Beugung durch die Wellentheorie des Physikers Huygens (1678) beschrieben. Diese physikalische Beschreibung der Beugung und Interferenz wurden durch Young (1802) erhärtet. Um 1800 hielt sich die Meinung, dass es sich beim Licht um eine Longitudinalwelle, in einem das Weltall füllenden „Äther", handeln würde. Diese Theorie widerlegten Malus (1808) und Fresnel (1815), da sie durch ihre Forschungsergebnisse zu dem Schluss kamen, dass es sich beim Licht um eine Transversalwelle handeln muss. Zu diesem Schluss kam auch

Maxwell (1865), der die Natur der Lichtwellen als Transversalwelle ebenfalls erkannte und sie in den Maxwellschen Gleichungen beschrieb.

Die Maxwellschen Gleichungen beschreiben das Licht als elektromagnetische Welle, die sich mit einer definierten Lichtgeschwindigkeit im Vakuum ausbreitet.

Nach Ende des 19. Jahrhunderts wurde durch Experimente bekannt, dass es wenn Licht und Materie in Wechselwirkung treten zu physikalischen Effekten kommt, welche mit der Lichtwellentheorie nicht zu erklären sind. Einstein fand durch seine Lichtquantenhypothese eine Erklärung für diese Phänomene.

(In Anlehnung an: Hering, Martin, & Stohrer. (2004). *Physik für Ingenieure 9. Auflage.* Springer. S. 402 ff.)

2.1 Das Licht als elektromagnetische Welle

2.1.2 nach Maxwell

Um den Versuch, der Beugung am Gitter, als solchen physikalisch mathematisch zu beschreiben, ist es notwendig das Licht als elektromagnetische Welle anzunehmen. Aufgrund der Tatsache, dass durch diese Annahme die Beugung am Gitter, nach dem Huygens Prinzip, herleitbar ist.

Wie schon im vorherigen Abschnitt bereits erläutert, beschreiben die Maxwellschen Gleichungen das Licht als elektromagnetische Welle. Diese transversale Welle transportiert Energie in Form von elektrischer und magnetischer Feldenergie.

„Um die Maxwellschen Gleichungen heranzuziehen nehmen wir an, dass es sich bei dem emittierten Licht um ein monochromatisches Licht handelt.

Das monochromatische Licht wird als eine ebene[1] Welle angenommen, bei der sich ein mit der Kreisfrequenz ω periodisch sich änderndes transversales elektrisches Feld E-Vektor, in y-Richtung, mit der Geschwindigkeit c-Vektor in x-Richtung ausbreitet. Senkrecht zu E-Vektor und c-Vektor, in z-Richtung, liegt ein magnetisches Wechselfeld der Frequenz ω vor. Die Beträge der beiden Feldstärken sind dabei:"

(Müller, Prof. Dr. K-H. (2009). *Optik, Atmophysik, Kernphysik.* Soest. S.52)

---

[1] Fortbewegung lediglich in einer Richtung, hier: x-Richtung

$$E = E_0 \sin\left[\omega\left(t - \frac{x}{c}\right)\right] \quad \text{und} \qquad\qquad \text{[Formel 2.1]}$$

$$H = H_0 \sin\left[\omega\left(t - \frac{x}{c}\right)\right] \qquad\qquad \text{[Formel 2.2]}$$

c: Lichtgeschwindigkeit im Vakuum (299 792 458 ms^{-1})

E: Feldstärke elektrisches Feld

H: Feldstärke magnetisches Feld

Maxwell verknüpfte diese Gleichung wie folgt:

$$\frac{H_0}{c} = E_0\,\varepsilon_0 \quad \text{und} \qquad\qquad \text{[Formel 2.3]}$$

$$\frac{E_0}{c} = H_0\,\mu_0 \qquad\qquad \text{[Formel 2.4]}$$

aus dieser Verknüpfung folgt:

$$c = \frac{1}{\sqrt{\varepsilon_0\,\mu_0}} \qquad\qquad \text{[Formel 2.5]}$$

daraus folgt:

$$H_0 = \sqrt{\frac{\varepsilon_0}{\mu_0}}\,E_0 \qquad\qquad \text{[Formel 2.6]}$$

μ_0: Permeabilitätskonstante im Vakuum[2]

ε_0: Dielektizitätskonstante im Vakuum[3]

Somit wurde gezeigt, dass in einer elektromagnetischen Welle eine Energie in der Form von elektrischer und magnetischer Feldenergie transportiert wird. Dies lässt Rückschlüsse auf die physikalische Eigenschaft des Lichtes zu, aufgrund der Tatsache, dass es sich

---

[2] ($1{,}2566 * 10^{-6}\ VsA^{-1}m^{-1}$)

[3] ($8{,}8542 * 10^{-12}\ AsV^{-1}m^{-1}$)

beim Licht um eine elektromagnetische Strahlung handelt, die durch die Emittierung des Lichtes als Quant erklärt wird.

Diese Hypothese wird im nächsten Absatz 2.2 spezifiziert, sowie mathematisch hergeleitet.

2.1.2 nach Huygens

Der Physiker Huygens veröffentlichte im Jahr 1678 ein Buch zur Wellentheorie des Lichtes, deren Grundlage er auf wissenschaftlicher Basis anhand einer Wasserwelle ableitete. Im nun folgenden Abschnitt wird die wissenschaftliche Beobachtung Huygens rekapituliert und formuliert.

Schickt man ein Lichtbündel durch einen Spalt, so entsteht auf einem Schirm ein rechteckförmiger, beziehungsweise quasisphärischer Lichtkegel. Wird nun die Spaltbreit b des Spaltes verringert, erwartet man, aufgrund der Erkenntnisse der geometrischen Optik, dass sich der Lichtkegel proportional zur Spaltbreite b verringert. Ab einer bestimmten Spaltbreit b, tritt dieser zu erwartende Effekt nicht mehr ein. Der Lichtkegel vergrößert sich, anstatt sich zu verringern. Dieser Effekt wurde von Huygens als Beugung des Lichtes am Spalt beschrieben, welche nur durch eine Wellencharakteristik des Lichtes erklärbar ist.

Wählt man die Spaltbreite b kleiner, so wird der projizierte Lichtkegel größer, bedingt durch die sich neu bildende Wellenfront. Die neue Wellenfrontbreitet sich konzentrisch am Spalt aus und vergrößert somit das Bild der Lichtquelle.

Nach dem Huygensschen Prinzip ist jeder Punkt einer Welle als Ausgangspunkt einer quasisphärischen Elementarwelle aufgefasst werden kann.

Eine ausführliche Beschreibung der Beugung folgt im Abschnitt 2.3.

(In Anlehnung an: Walcher, W. (2003). *Praktikum Physik 8. Auflage.* Teubner. S.197 – S.207)

2.2 Emission von Lichtquanten

Im vorrangegangenen Abschnitt 2.1 wurde das Phänomen des Lichtes als Welle, anhand der Maxwellschen Gleichungen und des Huygensschen Prinzips, erläutert. Es stellt sich jedoch die Frage, worum es sich bei Licht im physikalischen Sinne handelt, beziehungsweise welcher theoretischen Beschreibung das Licht am eheste folgt. Desweiteren befassen wir uns mit den Eigenschaften der Lichtquanten, sowie deren Emissionsprozess. Eine tiefgehende theoretische Beschreibung der Wechselwirkung zwischen Atomen und Quanten erfordert das Hilfsmittel der Quantenelektrodynamik, aus diesem Grund wird auf diese Thematik verzichtet.

Grundlage für diese Fragestellung lieferte Albert Einstein durch seine Lichtquantenhypothese. Auf Basis dieser Hypothese ist es möglich, die Abweichungen der Lichtwellentheorie, bei einer Wechselwirkung zwischen Materie und Licht, physikalisch phänomenologisch zu erörtern.

Einstein nahm an, dass bei der Wechselwirkung zwischen Licht und Atomen neben der Absorption eines Lichtquants zwei verschiedene Arten von Emission auftreten: die spontane Emission und die induzierte Emission eines Lichtquants, die durch ein anderes Lichtquant ausgelöst werden kann. Atome liegen nach der Quantentheorie nur in diskreten Energiezuständen vor. Normalerweise befinden sie sich in ihrem energieärmsten Zustand[4], dem Grundzustand. In diesem Zustand können sie die Strahlung eines elektromagnetischen Feldes absorbieren, wenn die Energiequanten hv dieses Feldes gerade der Energiedifferenz zwischen zwei atomaren Zuständen entsprechen.

Das Atom geht dabei vom energieärmeren Zustand E1 in den energiereicheren, angeregten Zustand E2 über. Dieses Phänomen ist in der Abbildung 2.2 nach dem Bohrschen Atommodell visualisiert.

---

[4] Vgl.: Prinzip des geringsten Zwangs nach Le Chatelier

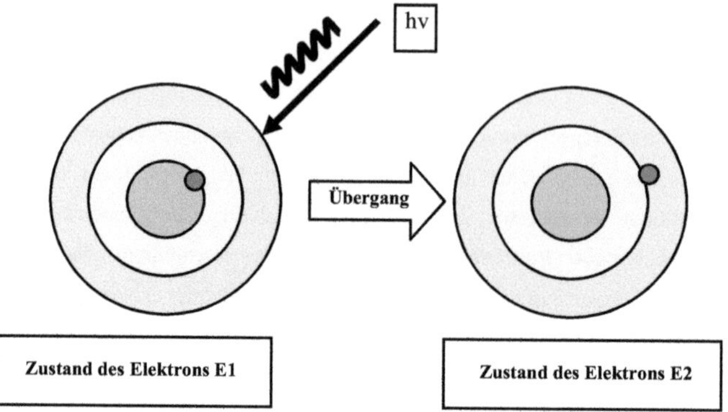

Abbildung 2.2 Übergang des Energieniveaus durch Schalenwechsel

Im Energiezustand E2 ist das Elektron jedoch im allgemeinen nicht im Stande lange zu verweilen und kehrt nach einer, für das jeweilige System charakteristischen Zeit, der Lebensdauer τ ,wieder in den Grundzustand zurück,

dieser Vorgang wird in der Abbildung 2.3 dargestellt. Da dies spontan, also ohne Wechselwirkung mit dem Strahlungsfeld und ohne Korrelation dazu geschieht, bezeichnet man den Vorgang als inkohärent. Die Emission des Lichtquants erfolgt hier in alle Richtungen gleich, wahrscheinlich und zeitlich unkoordiniert.

Dieses Phänomen bezeichnet man als die spontane Emission einer Lichtwelle. Diese Lichtwelle wird als Photon bezeichnet, da ihre Ausbreitungsgeschwindigkeit so exorbitant hoch ist, dass sie als masseloses Teilchen angenommen wird. Dieses Photon nimmt im hier gewählten Beispiel die Energie hv ein.

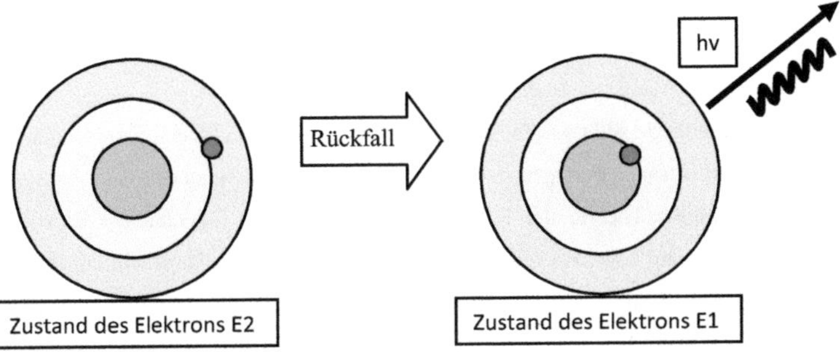

Abbildung 2.3 Rückgang des Energieniveaus

Induzierte Emission eines zweiten Photons der gleichen Energie hv, entsprechend der Theorie von Einstein ist eine induzierte oder stimulierte Emission möglich, wenn ein weiteres Photon mit dem angeregten Atom in Wechselwirkung tritt. Dieses Photon induziert, unter Verkürzung der Lebensdauer des angeregten Zustandes, einen Übergang zum Grundzustand. Dabei wird die gespeicherte Energie als ein Photon mit der Energie mal Zeit hv an das Strahlungsfeld zurückgeliefert. Entsprechend dem in der Quantentheorie begründeten Dualismus haben Photonen der Energie mal Zeit hv auch die Eigenschaften einer elektromagnetischen Welle der Frequenz v.

Ausgehend von diesem Sachverhalt, stellt man fest, dass durch die diskreten Energieniveaus der Elektronen, jedes Atom Licht einer charakteristischen bestimmten Energie und Wellenlänge emittiert. Somit genügt das Licht der Bohrschen Bedingung, welche besagt, dass die Elektronenbahnen als stabil angesehen werden.

(In Anlehnung an: Mayer-Kuckuk. (1997). *Atomphysik - eine Einführung 5.Auflage.* München: Teubner. S.117 – S.145)

2.3 Bohrsche Bedingung

Um anzunehmen, dass die Elektronenbahnen als stabil angesehen werden können greift man auf die Bohrschen Bedingungen zurück.

Bohr formulierte additiv zum Atommodell nach Rutherford drei weitere Bedingungen:

- Elektronen bewegen sich auf stabilen Kreisbahnen um den Atomkern. Anders als es die Theorie der Elektrodynamik vorhersagt, strahlen die Elektronen beim Umlauf keine Energie in Form von elektromagnetischer Strahlung ab.

- Der Radius der Elektronenbahn ändert sich nicht kontinuierlich, sondern sprunghaft. Bei diesem Quantensprung wird elektromagnetische Strahlung abgegeben (oder aufgenommen), deren Frequenz sich aus dem von Max Planck entdeckten Zusammenhang zwischen Energie und Frequenz von Licht ergibt. Wenn E1 die Energie des Ausgangszustands und E2 die Energie des Zielzustands ist, dann wird ein Lichtquant emittiert mit der Frequenz v der ausgesandten Strahlung.

$$v = \frac{E1 - E2}{h} \qquad\qquad \text{[Formel 2.6]}$$

$v:$ Frequenz

$E1:$ erster Energiezustand

$E2:$ zweiter Energiezustand

$h:$ reduziertes Plancksches Wirkungsquantum

- Elektronenbahnen sind nur stabil, wenn der Bahndrehimpuls L des Elektrons ein ganzzahliges Vielfaches des reduzierten planckschen Wirkungsquantums h ist.

$$\hbar = \frac{h}{2\pi} \qquad\qquad \text{[Formel 2.7]}$$

$$L = n\hbar. \qquad\qquad \text{[Formel 2.8]}$$

(In Anlehnung an: Mayer-Kuckuk. (1997). *Atomphysik - eine Einführung 5.Auflage.* München: Teubner. S.117 – S.138)

2.4 Beugung

Die bei mechanischen Wellen zu beobachtende Beugung nach dem Huygensprinzip, ist auch bei Lichtwellen zu beobachten. Bei Lichtwellen wird analog zur mechanischen Welle beobachtet, dass an scharfen Kanten vorbeilaufende Lichtwellen in den geometrischen Schattenraum gebeugt werden.

An den Kanten eines Spalts bilden sich nach den Gesetzmäßigkeiten der Beugung Elemtarwellen aus. Je nach Richtung besteht zwischen diesen Elementarwellen ein bestimmter Gangunterschied, der bei Überlagerung ein Maxima, bzw. ein Minima annimmt, dieser Effekt wird als Interferenz bezeichnet und im Abschnitt 2.5 erläutert.

Die Beugung oder Diffraktion ist somit als Ablenkung von Wellen an einem Hindernis zu verstehen (Abbildung 2.1). Die Richtungsänderung und die Ausbreitung der Elementarwelle kann nach dem Huygensprinzip ermittelt werden.

Alle Punkte einer Wellenfläche schwingen mit gleicher Phase. Sie haben die gleiche Frequenz wie die Erregerwelle. Nach Huygens kann jeder Punkt einer Wellenfläche als Ausgangspunkt einer Elementarwelle gedacht werden.

Die mathematische Herleitung des Huygensprinzip gestaltet sich als komplexer Vorgang. Aus diesem Grund wird an dieser Stelle auf die mathematische Herleitung des Huygensprinzip verzichtet. Der Sachverhalt der Beugung wird anhand der Prinzipskizze (Abbildung 2.5) erläutert.

Wie aus der Abbildung 2.5 ersichtlich, weicht die Wellenausbreitung von der geometrischen Strahlenausbreitung ab.

(In Anlehnung an: Kuchling, H. (2007). *Taschenbuch der Physik 19. Auflage.* München: Carl Hanser. S. 393 – S. 397)

2.5 Interferenz

„Laufen zwei Wellen durch ein gemeinsames Übertragungsmedium, so kann es an bestimmten Stellen im Raum zu Überlagerungen der einzelnen Wellen kommen. Es zeigt sich im Allgemeinen, dass das Prinzip der ungestörten Superposition anwendbar ist. Dabei geht man davon aus, dass sich jede Welle so ausbreitet, als sei die andere Welle nicht anwesend. Man überlagert dann diese Wellen additiv.

Zunächst soll untersucht werden, wie sich zwei in derselben Richtung laufende ebene Wellen gleicher Amplitude überlagern.

Die erste Welle sei gegeben durch:

$$y_1 = \dot{y} \cos(\omega t - kx)$$

[Formel 2.9]

Die zweite Welle durch:

$$y_2 = \dot{y} \cos(\omega t - kx + \varphi)$$

[Formel 2.10]

Wobei φ die Phasenverschiebung der zweiten Welle y_2 im Bezug zur ersten y_1 Welle sei. Die Phasenverschiebung φ entspricht dem Gangunterschied Δ in folgender Beziehung:

$$\Delta = \frac{\varphi}{2\pi} \lambda$$

[Formel 2.11]

Die resultierende Welle, die durch Addition der beiden Teilwellen entsteht, ist wieder eine ebene Welle mit der gleichen Frequenz und Wellenlänge aber anderer Amplitude und Phasenlage:

$$y = 2 \dot{y} \cos\left(\frac{\varphi}{2}\right) \cos\left(\omega t - kx + \frac{\varphi}{2}\right)$$

[Formel 2.12]

Konstruktive Interferenz [5]der beiden Wellen ergibt sich, wenn der Gangunterschied ein ganzzahliges Vielfaches der Wellenlänge ist. Destruktive Interferenz tritt ein, wenn der Gangunterschied der beiden Wellen ein ungeradzahliges Vielfaches der Halbwellenlänge beträgt.“

---

[5] Verstärkung der Wellen

(Hering, Martin, & Stohrer. (2004). *Physik für Ingenieure 9. Auflage.* Springer. S. 392ff)

Durch die Addition der Teilwellen resultieren anhand der Formel 2.12 folgende Fälle:

1. *Konstruktive Interferenz der Wellen*

   Hierbei addieren sich die beiden ursprünglichen Wellen (rot und gelb) zur resultierenden Welle (blau). Wie aus der Abbildung ersichtlich, addieren sich die Maxima, bzw. Minima der ursprünglichen Welle (rot und gelb) zu einem verstärkten Maxima, bzw. Minima der resultierenden Welle (blau).

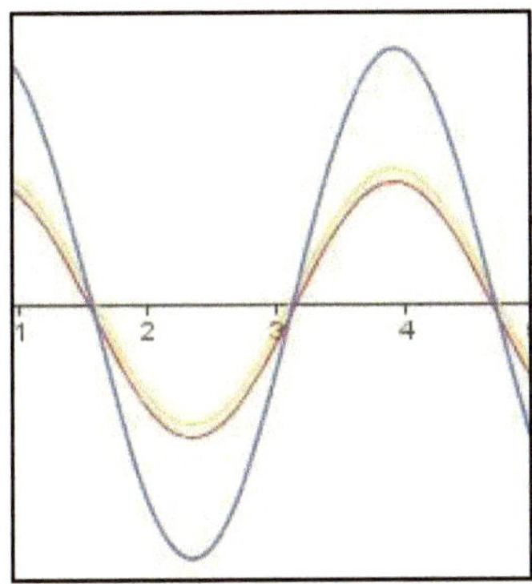

Abbildung 2.6 Verstärkung zweier Wellen erstellt mit GeoGebra

2. *Destruktive Interferenz der Wellen*

   Hierbei löschen sich Minima und Maxima der ursprünglichen Wellen (rot und gelb) aus, da diese direkt gegenüber liegen. Es entsteht somit eine Auslöschung (blau), aufgrund der Verschiebung um eine Halbwelle von π.

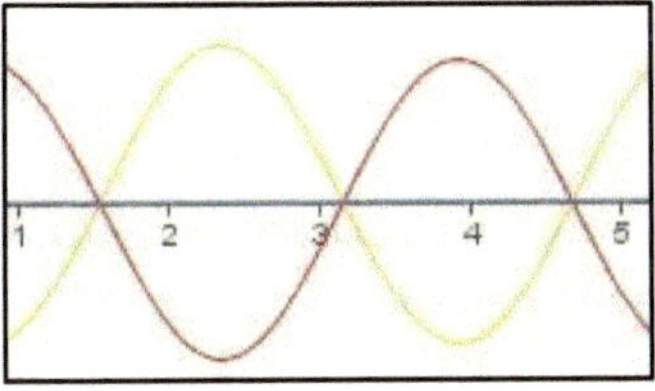

Abbildung 2.7 Auslöschung zweier Welle erstellt mit GeoGebra

Weiter Fälle entstehen bei jeglicher Phasenverschiebung und sind mit Hilfe der Formel 2.12 additiv zu bestimmen.

Ein klassisches Phänomen für die Beugung und Interferenz, ist die Erscheinung von Spektrallinien, wenn eine Lichtwelle an einem Spalt.

Die Abbildung 2.8 stellt diese Beugungsfigur dar, mit den typischen Intensitätsmaxima bzw. -minima.

2 .6 Dispersion

Ebenso wie die Ausbreitungsgeschwindigkeit von Licht in Medien, hängt auch der Brechungsindex von der Wellenlänge ab, man spricht hier von der Dispersion n = n(λ). Dieses Phänomen ist für optische Instrumente wie Linsen und Prismen sehr wichtig. Für die meisten transparenten Medien mit geringer Lichtabsorption, wie Gase, Flüssigkeiten oder Gläser, wächst der Brechungsindex im sichtbaren Spektralbereich mit abnehmender Wellenlänge. Dieses Verhalten bezeichnet man als normale Dispersion mit der Eigenschaft:

$$\frac{dn}{d\lambda} < 0$$

[Formel 2.13]

Man bezeichnet es als normale Dispersion, weil man bei den meisten in der Optik verwendeten Stoffen und Frequenzen in diesem Bereich ist. Blaues Licht wird stärker abgelenkt als rotes Licht.

In Bereichen mit starker Absorption nimmt Brechzahl n mit wachsender Wellenlänge λ zu:

$$\frac{dn}{d\lambda} > 0$$

[Formel 2.14]

Diese anomale Dispersion ist seltener und schwerer zu beobachten; sie tritt eher im Ultravioletten auf. Über das gesamte elektromagnetische Spektrum weist das Dispersionsverhalten eines Stoffes stets Bereiche mehr oder weniger starker normaler und anomaler Dispersion auf. Ein Sonderfall ist das Vakuum, welches streng dispersionsfrei ist.

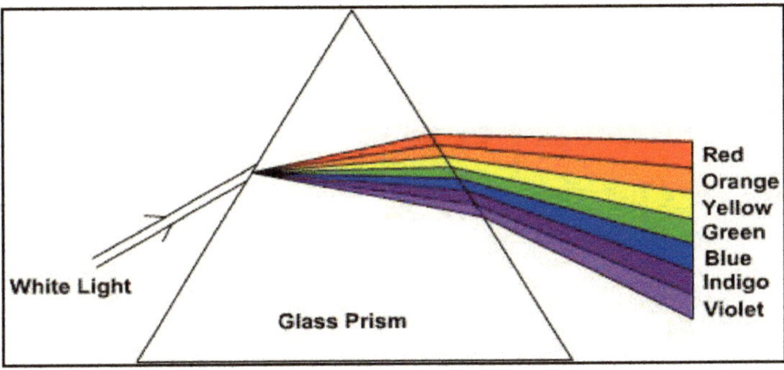

Abbildung 2.9 Dispersion von weißem Licht durch ein Prisma
(http://www.school-for-champions.com/science/images/light_dispersion1.gif)

2.7 Strahlengang durch ein Prisma

Aufgrund der Tatsache, dass die Funktion des Prismenspektralapparat auf der Dispersion im Prisma basiert, wird hier die Dispersion, bzw. der Strahlengang im Prisma beschrieben. Nimmt man an, dass das Prisma sich in einer Umgebung mit der Brechzahl n=1 (Luft) befindet und das Material des Prismas eine Brechzahl n besitzt, so wird das Licht im Prisma zweimal gebrochen und um den Winkel δ abgelenkt. Den Winkel an der brechenden Kante bezeichnet man als den brechenden Winkel.

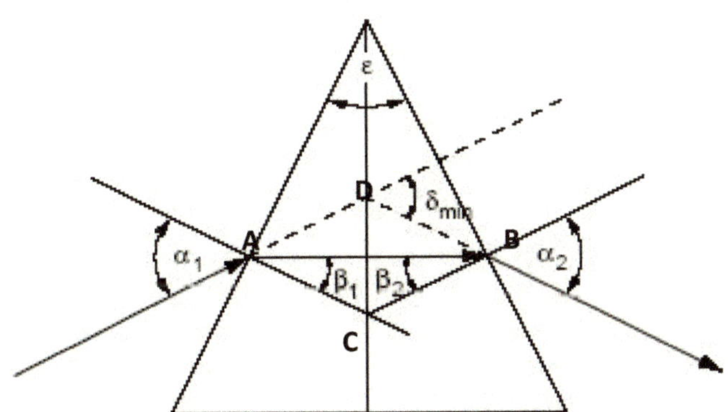

Abbildung 2.10 Symmetrischer Durchgang eines Lichtstrahls bei minimaler Ablenkung durch ein Prisma

(Kuchling, H. (2007). *Taschenbuch der Physik 19. Auflage*. München: Carl Hanser, S. 368)

Die Bezeichnung der Winkel bezogen auf die Abbildung 2.10, Symmetrischer Durchgang eines Lichtstrahls bei minimaler Ablenkung durch ein Prisma, ergibt sich wie folgt:

α_1:   Einfallswinkel an der 1. Grenzfläche

α_2:   Brechungswinkel an der 2. Grenzfläche

β_1:   Brechungswinkel an der 1. Grenzfläche

β_2:   Einfallswinkel an der 2. Grenzfläche

ϵ: brechender Winkel des Prismas

δ: Ablenkwinkel bei zweimaliger Brechung

Es ergeben sich anhand der geometrischen Optik folgende Zusammenhänge:

Nach Snellius gilt:

$$\sin(\alpha_1) = n\,\sin(\beta_1) \qquad\qquad \text{[Formel 2.15]}$$

$$\sin(\alpha_2) = n\,\sin(\beta_2) \qquad\qquad \text{[Formel 2.16]}$$

Aus der Abbildung 2.10 ist zu erkennen, dass anhand der geometrischen Beziehungen aus den Dreiecken ABC und ABD folgendes gilt:

$$\beta_1 + \beta_2 = \epsilon \qquad\qquad \text{[Formel 2.17]}$$

$$\delta = \alpha_1 + \alpha_2 - \epsilon \qquad\qquad \text{[Formel 2.28]}$$

Es ergibt sich ein Einfallswinkel α, für den der Ablenkungswinkel δ ein Minimun annimmt:

$$\frac{d\delta}{d\alpha} = 0 \qquad\qquad \text{[Formel 2.29]}$$

Aus der Formel 2.28 folgt:

$$\frac{d\delta}{d\alpha_1} = 1 + \frac{d\alpha_2}{d\alpha_1} = 0 \qquad\qquad \text{[Formel 2.30]}$$

$$\frac{d\alpha_2}{d\alpha_1} = -1$$

Die totale Differentiation der Gleichungen 2.25 und 2.16 ergibt:

$$\cos(\alpha_1\, d\alpha_1) = n\,\cos(\beta_1\, d\beta_1) \qquad\qquad \text{[Formel 2.31]}$$

$$\cos(\alpha_2\, d\alpha_2) = n\,\cos(\beta_2\, d\beta_2) \qquad\qquad \text{[Formel 2.32]}$$

$$=> d\beta_1 = -\, d\beta_2$$

Daraus folgt:

$$\frac{d\alpha_2}{d\alpha_1} = -\,\frac{\cos(\alpha_1)\cos(\beta_2)}{\cos(\alpha_2)\cos(\beta_1)} \qquad\qquad \text{[Formel 2.33]}$$

Da die Winkel $\alpha_1, \alpha_2, \beta_1$ und β_2 kleiner als $\frac{\pi}{2}$ sind und das SNELLIUS'sche Brechungsgesetz erfüllt sein muss, folgt $\alpha_1 = \alpha_2 = \alpha$ und $\beta_1 = \beta_2 = \beta$. Damit vereinfacht sich die Winkelbeziehung für die Dreiecke ABC und ABD wie folgt:

$$\alpha = \frac{1}{2}(\delta_{min} + \epsilon) \qquad\qquad \text{[Formel 2.34]}$$

$$\beta = \frac{1}{2}\epsilon \qquad\qquad \text{[Formel 2.35]}$$

Der Ablenkungswinkel δ wird also bei symmetrischem Strahlengang durchs Prisma minimal wie aus Abbildung 2.10, Symmetrischer Durchgang eines Lichtstrahls bei minimaler Ablenkung durch ein Prisma, ersichtlich.

Für die Brechzahl n gilt also:

$$n = \frac{\sin(\alpha)}{\sin(\beta)} = \frac{\sin(\frac{\delta_{min}+\epsilon}{2})}{\sin(\frac{\epsilon}{2})} \qquad \text{[Formel 2.36]}$$

Der minimale Ablenkungswinkel δ_{min} ist natürlich genauso wie die Brechzahl n wellenlängenabhängig. Besitzt das Prisma einen sehr kleinen brechenden Winkel ε, so wird der Ablenkungswinkel δ klein und man kann die Sinusfunktion in der Gleichung für n durch ihre Argumente annähern. Daraus ergibt sich:

$$(n-1)\epsilon = \delta_{min} \qquad \text{[Formel 2.37]}$$

(Herleitungen in Anlehnung an Müller, Prof. Dr. K-H. (2009). *Optik, Atmophysik, Kernphysik.* Soest.)

2.8 Strahlengang des Prismenspektralapparates

Die zu untersuchende Spektrallampe leuchtet einen Spalt (AB) homogen aus. Das Kollimatorobjektiv O1 erzeugt, da sich der Spalt in ihrer Brennebene befindet, ein paralleles Strahlenbündel, welches auf das Prisma fällt. Das Lichtbündel wird nun jeweils beim Ein- und Austritt gebrochen. Im Normalfall (Umgebung Luft, Prisma Glas) wird blaues Licht stärker gebrochen als rotes. Aus dem Prisma treten somit verschiedenfarbige Parallelbündel verschiedener Wellenlängen aus, deren Richtung von der Farbe bzw. Wellenlänge des Bündels abhängt. Das Fernrohrobjektiv O2 fokussiert diese in die Brennebene von O2 der sogenannten Bildebene, wo die Spaltbilder, bzw. Spektrallinien, in den verschiedenen von der Quelle emittierten Spektralfarben beobachten werden. Durch das winkelmäßige Ausrichten des Fernrohrs mit Hilfe des Fadenkreuzes auf die verschiedenen Spektrallinien, ist es möglich die verschiedenen Winkelabweichungen der Spektrallinien abzulesen und somit die zugehörige Wellenlänge zu bestimmen.

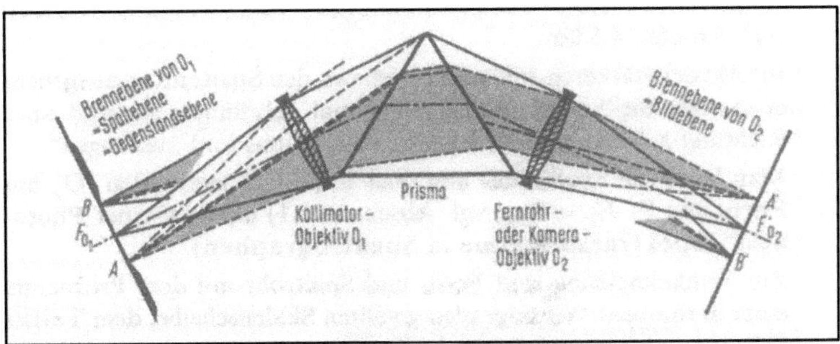

Abbildung 2.11 Strahlengang durch ein Prismenspektralapparat

(Walcher, W. (2003). *Praktikum Physik 8. Auflage.* Teubner S.169)

2.9 Auflösungsvermögen eines Prismenspektralapparates

Sämtliche optischen Instrumente besitzen ein begrenztes Auflösungsverhalten. Es können also nur Punkte mit einem bestimmten Abstand noch getrennt abgebildet werden. Ursache hierfür ist die Beugung des Lichts, welche im Abschnitt 2.4 bereits abgehandelt wurde. Zur Beurteilung des Auflösungsvermögens dient der Winkel δ unter dem zwei Objektpunkte erscheinen. Nach dem Rayleighschen Kriterium ist eine Auflösung möglich, wenn folgende Beziehung gilt:

$$\delta \geq 1{,}22\,\frac{\lambda}{B} \qquad\qquad \text{[Formel 2.38]}$$

λ: Wellenlänge des Lichtes

B: Durchmesser der Blende

1,22: Faktor der Beugung an einer quasiorbikularen Öffnung

Bezogen auf die Änderung der Wellenlänge dλ folgt aus Gleichung 2.38:

$$d\delta = d\lambda \left(\frac{\partial \delta}{\partial n}\right)\frac{dn}{d\lambda} \qquad\qquad \text{[Formel 2.39]}$$

dδ: Winkeldifferenz

dλ: Wellenlängendifferenz

$\left(\frac{\partial \delta}{\partial n}\right)$: partieller Differentialquotient

$\frac{dn}{d\lambda}$:   Dispersion

Speziell für Spektralapparate benutzt man die Größe $A = \frac{\lambda}{d\lambda}$, wobei dλ diejenige Wellendifferenz ist, die der Rayleighschen Grenzlage entspricht. Es muss also gelten:

$$d\delta = \varphi_B \Leftrightarrow d\lambda \left(\frac{\partial \delta}{\partial n}\right) \frac{dn}{d\lambda} = 1{,}22 \frac{\lambda}{B} \qquad \text{[Formel 2.40]}$$

Bei vorgegebener Prismengröße und daran angepasster Spalt und Fernrohröffnung kann das Auflösungsvermögen A wie folgt berechnet werden:

$$A = 2\,D\,\sin\left(\frac{\varepsilon}{2}\right) \left|\frac{dn}{d\lambda}\right| = S \left|\frac{dn}{d\lambda}\right| \qquad \text{[Formel 2.41]}$$

Durchmesser der Blende: $B = D \cos(\alpha_2)$

Halbe Basisbreite des Prismas: $\frac{S}{2} = D \sin\left(\frac{\varepsilon}{2}\right)$

Das Auflösungsvermögen A ist, wie aus Formel 2.41 ersichtlich, proportional zur Basisbreite S des ausgenutzten Teils des Prismas und ist nicht mehr vom Brechungswinkel abhängig, sondern lediglich von der Dispersion des Prismenmaterials.
Dieser Sachverhalt wird in Abbildung 2.12, Auflösungsvermögen im Minimum der Ablenkung eines Prismas, dargestellt.
(In Anlehnung an: Walcher, W. (2003). *Praktikum Physik 8. Auflage.* Teubner S.174ff.)

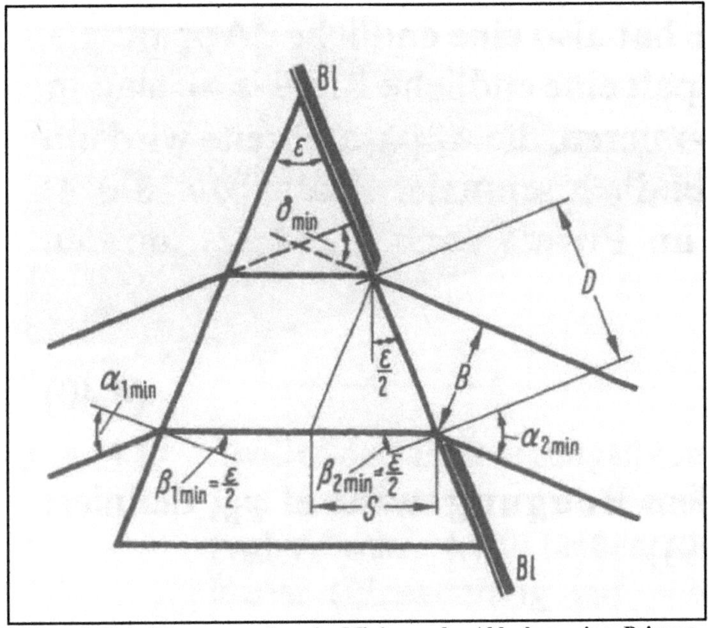

Abbildung 2.12 Auflösungsvermögen im Minimum der Ablenkung eines Prismas

(Walcher, W. (2003). *Praktikum Physik 8. Auflage.* Teubner. S.176)

3 optische Instrumente zur Spektrometrie

Der Prismenspektralapparat ist nicht die einzige am Markt verfügbare Baugruppe zur Spektrometrie von Elementen. Es existiert eine Vielzahl von unterschiedlichen Lösungen, die alle auf dem Prinzip der Beugung am Gitter, bzw. der Dispersion im Prisma beruhen. Aufgrund des im Versuch 43, Wellenlängeneichung eines Prismenspektralapparates, benutzten Prismenspektralapparates, wird die Funktion des Prismenspektralapparates ausführlich beschrieben. Die weiter hier angeführten Geräte basieren ausnahmslos auf dem Prinzip der Dispersion im Prisma, vgl. Abschnitt 2.6, oder der Beugung Abschnitt 2.4. Aus diesem Grund dient der Prismenspektralapparat als plakatives Beispiel für die Funktionsweise der anderen hier angeführte optischen Instrumente zur Skektrometrie.

3.1 Funktionsweise des Prismenspektralapparates

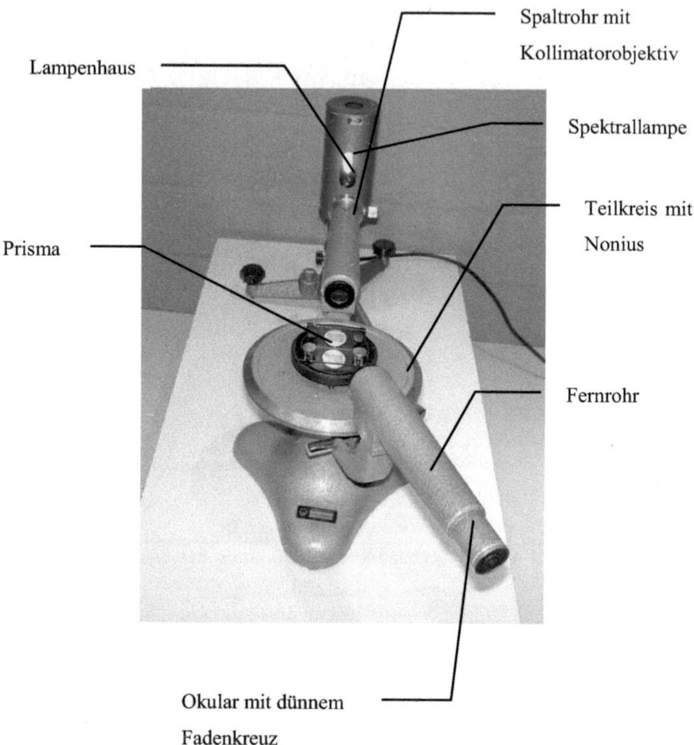

Abbildung 3.1 Prismenspektralapparat des Labors für Physik FH SWF Soest

Die Lichtstrahlen der Spektrallampe treten durch die Eintrittsblende (Öffnung ca. 2mm) in das Spaltrohr ein. Am Austrittssende befindet sich ein Kollimatorobjektiv, welches das von den Spaltpunkten ausgehende Lichtbündel in Parallelstrahlen wandelt. Diese werden dann im Prisma 2-mal gebrochen und durch die Abbildungslinse am Fernrohr in deren Brennebene vereinigt. Weil die Spektrallampen nur Licht diskreter Wellenlängen emittiert, wie im Abschnitt 2.2 beschrieben, entstehen die sogenannten Spektrallinien. Richtet man jetzt das Fadenkreuz des Fernrohrs auf die verschiedenen Spektrallinien aus, kann man am Teilkreis den Ablenkungswinkel δ (vgl. Formel 2.38) ablesen.

(In Anlehnung an: Praktikum der Physik; *Wilhelm Walcher*; Teubner Verlag; 9.Aufl.; S. 168f)

3.2 Spektroskop

Funktionsprinzip:

Licht wird in sein charakteristisches Spektrum zerlegt, mit Hilfe eines Prismas. Das erscheinen Spektrum wird visuell untersucht, mit Hilfe der erscheinenden Spektrallinien.

Anwendung:

analytische Chemie

Abbildung 3.2 Taschenspektroskop

(http://images.virtualvillage.com/001520-023/001.jpg)

3.3 Spektrograf

Funktionsprinzip:

Das einfallende Licht wird mit Hilfe eines Prismas, oder Gitters in sein charakteristisches Spektral zerlegt. Die Auswertung wird mit Hilfe eines Detektors, wie z.B. eine photempfindliche Platte, oder ein optischer Sensor, durchgeführt. Das Gerät vergleicht, zum Teil automatisiert, das entstandene Spektral mit einem Eichspektral um dadurch Rückschlüsse auf den emittierende Stoff zu schließen.

Anwendung:

Astronomie

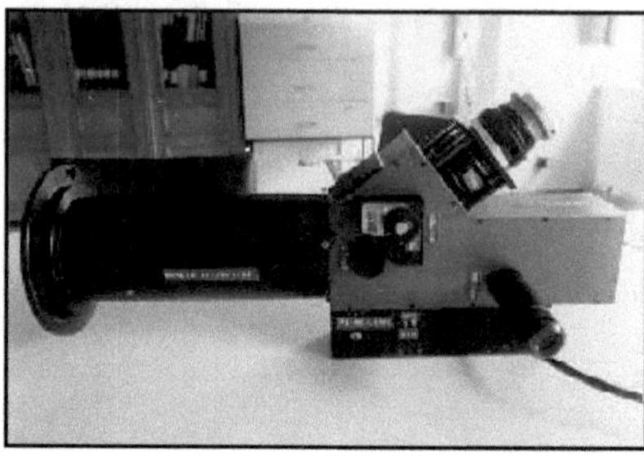

Abbildung 3.2 Spektograf der Universitätssternwarte Bamberg
(http://www.sternfreundefranken.de/bilder/ba-spektrograph.jpg)

3.4 Monochromat

Funktionsprinzip:

Ausblenden eines schmalbandigen Wellenlängenbereichs aus einem angebotenem Spektrum.

Anwendung:

Analytische Chemie

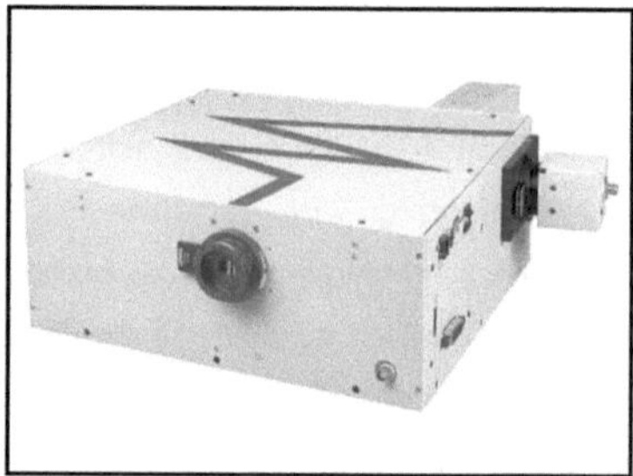

Abbildung 3.4 Monochromat
(http://img.directindustry.de/images_di/photo-g/monochromator-55120.jpg)

3.6 Spektralphotometer

Funktionsprinzip:

Kombination von Monochromator und photoelektrischem Empfänger (Photomultiplier) zur Bestimmung spektraler Stoffdaten, wie. z.B. Absorptionsgrad und Transmissionsgrad.

Anwendung:

Automatisierte analytische Chemie

Abbildung 3.5 Spektralphotometer Tresser Instruments

(http://www.tresser-instruments.de/25603d5a48748ec7bc9cfa1d5a02cf8d_t60_300x259.jpg)

4 Anwendung der Spektroskopie

Die Spektroskopie hat zahlreiche Einsatzgebiete, im Folgenden werde hier einige aufgezählen:

- In der Astronomie werden Sterne mit Hilfe der Spektroskopie charakterisiert und finden somit ihren Platz im sogenannten Herzsprung-Russel-Diagramm.
- In der Industrie werden beispielsweise Öle, Fette und Kühlschmierstoffe mit der Spektroskopie auf Ihre Inhaltsstoffe bzw. Mischungsverhältnisse hin untersucht.
- Ein großes Anwendungsgebiet findet die Spektroskopie in der Chemie. Es ist möglich die unterschiedlichsten Zusammensetzungen von Stoffen durch die resultierenden Spektren zu entschlüsseln.

Weiterhin besteht die Möglichkeit die Luft auf die Kontamination durch verschiedene Stoffe z.B. Schwermetalle aus der Umwelt hin zu untersuchen.

5 Versuchsdurchführung

Ziel dieses Versuchs ist es mit Hilfe der Messreihen der Quecksilber und Cadmium Dampflampe eine Eichkurve des Prismenspektralapparates zu erstellen.

Zuerst werden die Versuchsteilnehemer mit der Bedienung und Funktionalität des Prismenspektralapparates vertraut gemacht. Explizit Wichtig ist, die korrekte Versorgungsspannung für die verschiedenen Spektrallampen anzulegen, sowie den Winkel des Fernrohrs nur mit Hilfe der Verstellschraube anzupassen. Somit wird vermeiden, dass man eine Verdrehung der Winkelscheibe mit dem Prismenhalter durch Berührungen der Apparatur hervorruft. Für die erste Messreihe wird die Hg-Spektrallampe in das Gehäuse eingesetzt. Die Spektrallampen darf ausschließlich mit einem Tuch oder Handschuh berührt werden, da sonst die Schweißabsonderungen der Hände Spannungen im Glaskolben der Lampe im Betrieb erzeugen und somit zu einem bruchmechanischen Versagen des Glaskolbens führen. Anschließend legt man die erforderliche Spannung an. Vorab ist das Fernrohr auf unendlich scharfzustellen, um ein für das Auge angenehmes Arbeiten zu ermöglichen.

An diese Vorbereitungen schließen sich folgende Arbeitsschritte an:

1. Einstellen des Eintrittsspalts auf etwa 2mm.
2. Scharfstellen der Spektrallinien durch verschieben des Okulars
3. Fadenkreuz des Fernrohrs nacheinander mit allen sichtbaren Spektrallinien zur Deckung bringen.
4. Für jede Spektrallinie führen ist der Schritt 3 doppelt auszuführen und die beiden am Teilkreis mit Nonius abzulesenden Winkelstellungen sowie die Farbe dieser zu notieren.
5. Abschalten der Versorgungsspannung
6. Lampenhaus und Spektrallampe ca. 1 Minute abkühlen lassen.
7. Für weitere Messreihen: Entsprechende Spektrallampe einsetzen und mit zugehöriger Spannung versorgen. Schritte 3-6 wiederholen.

Im Praktikumsversuch 43, Wellenlängeneichung eines Prismenspektralapparates, werden folgende Spektrallampen untersucht:

Hg - Spektrallampe

Cd - Spektrallampe

Zn – Spektrallampe

Ne – Spektrallampe

Nachdem die Messwerte der ersten beiden Spektrallampen ermittelt wurden, sind diese in die Excel Tabelle gegenüber der Wellenlängen (Literaturwerte) einzutragen. Die hieraus entstandenen Punkte werden in einem Diagramm dargestellt und eine Ausgleichskurve durch die Punkte konstruiert. Die sogenannte Eichkurve des Prismenspektralapparates. Anhand dieser Kurve ist es möglich die entsprechenden Wellenlängen zum gemessenen Winkeln zu bestimmen und mit den Literaturwerten ins Verhältnis zusetzen. Hieraus resultiert eine prozentuale Abweichung der aufgenommenen Messwerte von denen der Literatur.

6 Versuchsauswertung

Im Folgenden wird der Versuch 43, Wellenlängeneichung eines Prismenspektralapparates, ausgewertet. Hierzu werden die aufgenommenen Winkel δ gemittelt und anhand dieser gemittelten Winkel δ die Wellenlänge λ des emittierten Lichtes der unterschiedlichen Spektrallampen bestimmt.

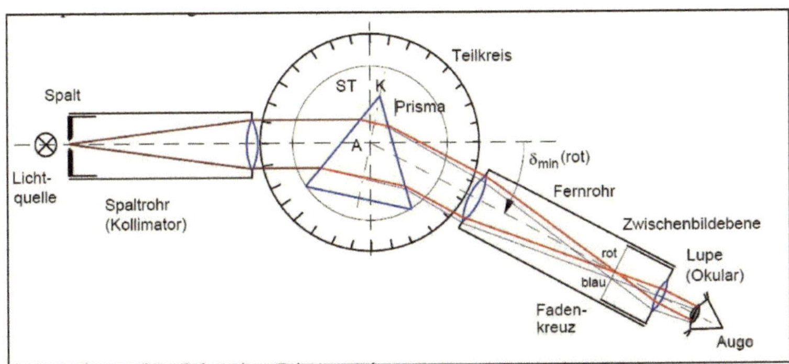

Abbildung 6.1 schematischer Aufbau des Prismenspektralapparates

(Autor unbekannt, Fachhochschule München – Physikalisches Praktikum- Spektroskopie I, S.5)

6.1 aufgenommene und gemittelte Messwerte des Winkel δ

Leuchtmittel	Farbeindruck	δ Messung 1 [grad]	δ Messung 2 [grad]	δ gemittelt [grad]
Quecksilber Hg	Gelb	131,5	132,3	131,9
	Grün	131,2	132	131,6
	Blau *(schwach)*	131,4	130,6	131
	Blau-Violett	130	129,8	129,9
	Violett	129,1	128,9	129
Cadmium Cd	Blau	130,7	130,3	130,5
	Blau *(schwach)*	130,6	130,8	130,7
	Grün	131	131,2	131,1
	Rot	132,3	132,7	132,5
Zink Zn	Blau	130,4	130,6	130,5
	Blau *(schwach)*	130,5	130,9	130,7
	Grün	131	131,2	131,1
	Rot	132,2	132,2	132,2
Neon Ne	Rot	132,3	132,5	132,4
	Orange	132	132,2	132,1
	Gelb	132	131,8	131,9

Tabelle 6.1 aufgenommene und gemittelte Winkel δ

Die Berechnung der gemittelten Messwerte gestaltete sich wie folgt:

$$\delta_{gemittelt} = \frac{\delta_{1.Messung} + \delta_{2.Messung}}{2} \qquad \text{[Formel 3.1]}$$

6.2 Vergleich der Wellenlänge λ zu dem Winkel δ

Leuchtmittel	Farbeindruck	δ gemittelt [grad]	Literaturwerte der Wellenläge λ [nm]
Quecksilber Hg	Gelb	131,9	576,96
	Grün	131,6	546,07
	Blau *(schwach)*	131	491,6
	Blau-Violett	129,9	435,84
	Violett	129	404,66
Cadmium Cd	Rot	132,5	643,85
	Grün	131,1	508,58
	Blaugrün	130,7	479,99
	Blau	130,5	467,82
Zink Zn	Rot	132,2	636,23
	Grün	131,1	518,2
	Blau *(schwach)*	130,7	481,05
	Blau	130,5	472,56
Neon Ne	Rot	132,4	667,82
	Orange	132,1	587,56
	Gelb	131,9	501,57

Tabelle 6.2 Vergleich der Wellenlänge λ zu dem Winkel δ

Der in obiger Tabelle 6.2 aufgeführte Mittelwert des Ablenkungswinkels resultiert aus den jeweiligen, Messwerten nach Tabelle 6.1. Ebenfalls aufgeführt sind die bekannten Wellenlängen der Spektrallampen. Die Werte wurden dem Buch „Praktische Physik Band 3 Tabellen und Diagramme" von F. Kohlrausch 23. Auflage entnommen und durch weitere Literaturwerke bestätigt.

Die aufgeführten Werte für die Quecksilber (Hg) und Cadmium (Cd) Spektrallampe sind die Grundlage für die folgende Eichkurve des Prismenspektralapparates, da das emittierte Licht dieser Leuchtmittel einen geringen relativen Fehler erwarten lässt, da die Leuchtmittel einen hohe Reinheitsgrad (o.a. 99,9%) besitzen.

6.3 Eichkurve Prismenspektralapparat

Anhand der Eichkurven ist es nun möglich die tatsächliche Wellenlänge abzulesen um somit eine qualifizierte Fehlerbetrachtung durchzuführen.

Leuchtmittel	Farbeindruck	δ gemittelt [grad]	Abgelesene Wellenlänge λ [nm]	Literaturwerte der Wellenläge λ [nm]	Fehler [%]
Quecksilber Hg	Gelb	131,9	571,4	576,96	0,96
	Grün	131,6	542,2	546,07	0,71
	Blau (schwach)	131	491,9	491,6	-0,1
	Blau-Violett	129,9	427,8	435,84	1,8
	Violett	129	403	404,66	0,52
Cadmium Cd	Rot	132,5	644,5	643,85	-0,11
	Grün	131,1	509	508,58	-0,11
	Blaugrün	130,7	480,8	479,99	-0,16
	Blau	130,5	468,3	467,82	-0,11

Aus den absoluten Fehlern ergibt sich ein relativer Fehler von 0,8% für das Quecksilberleuchtmittel, sowie ein relativer Fehler von 1% für das Cadmiumleuchtmittel.

7 Fehlerdiskussion

Die Fehlerquote bei diesem Versuch schwankt zwischen −0,11% bis 0,96%, und die betragliche Abweichung aller ermittelten Wellenlängen zu denen der Literatur beträgt geringe 1%. Das zeigt die Leistungsfähigkeit bzw. Genauigkeit des Versuchsaufbaus und der Durchführung. Diese Abweichungen können mehrere Ursachen haben:

Zum einen gestaltet es sich äußerst schwierig, das Fadenkreuz mit den Spektrallinien in Deckung zu bringen. Dieser Aspekt greift besonders im blauen und violetten Spektrallinienbereich, weil diese eine geringe Farbintensität besitzen und sich das Fadenkreuz farblich nur geringfügig abhebt.

Eine weitere Schwierigkeit besteht darin, das Fadenkreuz sowie auch die Spektrallinien gleichzeitig relativ scharf sehen zu können, um somit eine entsprechend genaue Übereinstimmung von Fadenkreuz und Spektrallinie zu erzielen.

Eine große Fehlerquelle ist das Erstellen und Auswerten der Eichkurve anhand von 10 ermittelten Messwerten der Hg und Cd Messreihe. Die Eichkurve wird als Grundlage für die Auswertung benutzt. Alle Wellenlängen werden von dieser Kurve entnommen und mit den bekannten Literaturwerten ins Verhältnis gesetzt.

Als Bedienfehler sei noch das Ablesen des Winkel erwähnt, was zwar mittels Nonius auf 5/100 Grad möglich ist, jedoch mit fortschreitender Zeit auf Grund der vielen Messwerte zu einigen geringen Abweichungen führen wird.

Eine weitere Fehlerquelle sind die Spektrallampen selber. Geringste Fremdstoffanteile führen zu einer Verfälschung des Spektrums. Einige Spektrallinien sind nicht zu erkennen oder es treten Spektrallinien auf, die nicht ins Spektrum der betrachteten Lampe gehören.

Weiterhin haben die wechselnden oder nicht optimalen Lichtverhältnisse während der Versuchsdurchführung geringe Fehler zur Folge.

Abschließend sei noch erwähnt, dass sich auch, die in diesem Versuch auftretenden Fehler, in die 3 Hauptgruppen (grobe Fehler, systematische Fehler und zufällige Fehler) einordnen lassen.

Literaturverzeichnis

Hering, Martin, & Stohrer. (2004). *Physik für Ingenieure 9. Auflage.* Springer.

Kuchling, H. (2007). *Taschenbuch der Physik 19. Auflage.* München: Carl Hanser.

Mayer-Kuckuk. (1997). *Atomphysik - eine Einführung 5.Auflage.* München: Teubner.

Müller, Prof. Dr. K-H. (unbekannt). *Beugung am Gitter, Physikalisches Praktikum.*

Müller, Prof. Dr. K-H. (2009). *Optik, Atmophysik, Kernphysik.* Soest.

Schulz-Beenken, Prof. Dr. A.-S. (unbekannt) *Skript Mikroskopie.* Soest.

Walcher, W. (2003). *Praktikum Physik 8. Auflage.* Teubner.

Kohlrausche, F. (2007). *Praktische Physik Band 3. Tabellen und Diagramme* 23. Auflage.